NOTE

SUR LES

TRAVAUX DE REBOISEMENT

EXÉCUTÉS DANS LES VOSGES,

Par M. Eugène Chevandier,

Et pour lesquels la Société d'Encouragement pour l'industrie nationale lui a décerné une médaille d'or dans sa séance du 20 janvier 1847.

SAINT-GERMAIN,

IMPRIMERIE DE BEAU,

RUE AU PAIN, 64.

1847

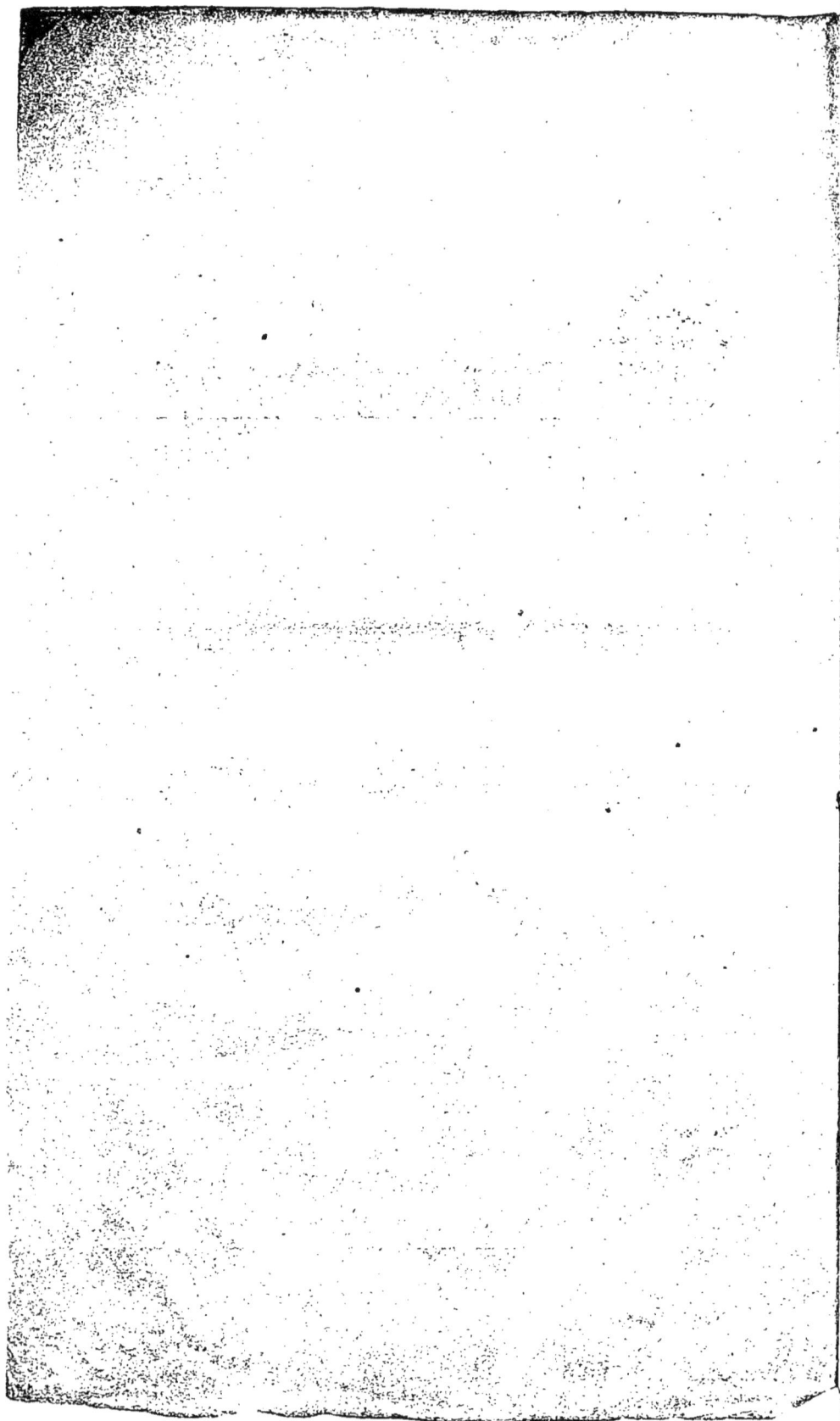

NOTE

SUR LES TRAVAUX DE REBOISEMENT

EXÉCUTÉS DANS LES VOSGES,

Par M. Eugène CHEVANDIER,

Et pour lesquels la Société d'Encouragement pour l'industrie nationale lui a décerné une médaille d'or dans sa séance du 20 janvier 1847.

(Extrait des *Annales forestières*, tom. VI, 1re livraison).

Le repeuplement des parties déboisées des forêts, l'introduction de nouvelles essences dans des sols mal garnis ou couverts de mauvais bois, peuvent se faire au moyen de plantation ou de semis. Nous diviserons donc cette note en deux parties : la première relative aux semis ; la seconde comprenant les plantations et les pépinières forestières destinées à l'éducation des plants.

1° DES SEMIS.

D'après le tableau que j'ai adressé à la Société d'encouragement, j'ai employé en semis les quantités suivantes de semences :

Pins sylvestres.	2733 kilog.
Pins noirs d'Autriche.	210 —
Mélèzes.	1153 —
Épicéas.	2900 —
Sapins distiques.	5780 —
Hêtres blancs.	6650 —
Total.	19426 kilog.

[1] Ces travaux ont été exécutés dans trois terrains géologiquement différents, le grès vosgien, le grès bigarré et le muschelkalk.

Dans le muschelkalk, les parties repeuplées font partie d'un plateau légèrement ondulé.

Dans le grès bigarré il y a certaines parties en terrain plat, quelques pentes faibles au midi, d'autres au nord.

Dans le grès vosgien, des parties planes deviennent rares ; les pentes sont plus escarpées et à diverses inclinaisons, mais principalement exposées au midi.

Dans le muschelkalk et le grès bigarré, le sol est en général bon ; c'est un sable gras, argileux ou calcaire.

Dans le grès vosgien, les parties planes et les pentes au nord sont généralement composées d'un sable siliceux, gras et fertile. Mais les pentes au midi ne présentent ordinairement qu'un sable maigre, un sol appauvri dès longtemps par suite de mauvaises exploitations qui l'ont dénudé, et c'est là que j'ai dû propager les pins et les mélèzes.

(Extrait de la lettre d'envoi à la Société d'encouragement.)

1

(C.)

Les observations que je viens aujourd'hui lui soumettre, ne portent donc que sur ces espèces, sur les différentes méthodes que j'ai successivement employées, sur leur plus ou moins de succès, et enfin sur le coût ou prix de revient par hectare ensemencé.

Les semis faits sur des terrains complétement nus couvrent environ 300 hectares. Les autres ont eu pour but d'introduire de nouvelles essences plus précieuses, ou de compléter le repeuplement, dans environ 700 hectares de forêts où le pâturage et d'anciennes exploitations mal dirigées avaient rendu ces travaux d'amélioration nécessaires.

1° Pins sylvestres.

C'est surtout dans les parties les plus arides des montagnes, exposées au sud, couvertes de bruyères ou de chénaux crûs sur souches, rares et mal venants, et principalement dans le grès vosgien, que les semis de pins sylvestres ont été faits.

Deux méthodes ont été employées : celle des semis en banquettes, et celle des semis par brûlées.

Pour les semis en banquettes, on a établi sur le flanc des montagnes, ou sur leur sommet, des bandes horizontales de soixante à soixante-dix centimètres de largeur, séparées les unes des autres par des intervalles d'un mètre. Ces banquettes, creusées à la houe dès les premiers jours du printemps ou mieux encore pendant l'automne, reçoivent ensuite, mais toujours au printemps, la semence que l'on recouvre légèrement de terre au moyen d'un râteau. Il est très-important que les banquettes soient bien horizontales, afin d'éviter les courants d'eau qui, sans cette précaution, s'y établiraient pendant les orages et abîmeraient les semis. J'ai aussi remarqué qu'il était bon, en creusant les banquettes, d'enlever toute la terre noirâtre qui avoisine les racines des bruyères.

Dans les années où le prix de la semence de pin a été très-élevé, j'ai cherché à réduire la quantité employée en faisant des banquettes un peu plus larges, d'un mètre environ, et en les espaçant de trois mètres, pour venir ensuite repiquer dans cet intervalle des plants pris dans les banquettes aussitôt qu'ils seraient assez forts. Cette méthode, qui présente alors quelque économie, a cependant un inconvénient : dans les années de fortes neiges les jeunes brins ainsi espacés, n'étant pas soutenus par leurs voisins, se courbent et se fatiguent plus facilement ; il en résulte qu'ils viennent moins droits, sont souvent tordus par le pied et produisent ainsi des arbres d'une moindre valeur.

Les semis par brûlées se font avec avantage dès que l'espace à repeupler contient au moins un hectare et ne renferme point d'arbres que l'on craigne de détruire par le feu. On entoure la partie à semer d'une bande remuée à la houe de manière à en arracher les bruyères, les myrtiles, les herbes et la mousse, puis on y met le feu, en ayant soin de choisir un temps sec et calme et de défendre les parties voisines contre son action. Il est important que le terrain soit bien sec avant de mettre le feu, afin que la mousse, qui souvent le couvre, se brûle et le laisse à découvert; mais il est nécessaire d'attendre ensuite pour semer que la pluie ait raffermi un peu le sol et entraîné les parties solubles et les plus actives des cendres. J'ai remarqué que, lorsqu'on sème sans attendre l'action de la pluie, le semis manque en partie, et qu'il est toujours plus beau lorsqu'après la brûlée on laisse passer un hiver avant de l'effectuer. Après avoir semé on couvre légèrement les semences en remuant le terrain avec un outil en fer à deux crochets, appelé croc dans nos montagnes, et dont on s'y sert pour la culture des pommes de terre. On peut aussi, entre la brûlée et le semis, introduire les porcs dans la forêt, afin de mieux préparer le sol.

Les jeunes pins, venus dans les semis par brûlées, croissent plus vite et sont plus forts que ceux des semis en banquettes : il est vrai qu'ils sont plus espacés et que quelquefois même ils manquent par place; mais il est facile et peu coûteux de remplir ces vides au moyen de plants enlevés en motte avec une bêche demi-circulaire dans les parties les plus serrées du semis. On peut même, en général, y prendre avec beaucoup plus de facilité que dans les semis en banquettes des plants à transporter dans d'autres parties de forêts; leur espacement permet, en effet, de les enlever sans endommager les racines et sans attaquer celles des brins qui restent en place.

Il y a encore une autre méthode de semis connus sous le nom de semis en pots; elle consiste à remplacer les banquettes entières par des portions de banquettes très-courtes, alternant avec des parties non cultivées, et dans lesquelles on dépose la semence : je crois cette méthode mauvaise, car on produit ainsi de véritables touffes de jeunes brins, se gênant les uns les autres et rarement droits, puisqu'ils tendent à s'étaler dans tous les sens. Aussi ne l'ai-je employée que dans les cas exceptionnels où le rapprochement des souches existant dans le sol ne me permettait pas de faire autrement.

Mais, quel que soit le mode adopté pour préparer le terrain, il faut commencer par couper les bois mal venants qui le couvrent. Dans les premiers semis que j'ai faits, j'en avais laissé quelques-uns afin de protéger les jeunes pins contre l'action trop forte du soleil. Dès la troisième année après le semis, quelquefois plus tôt, j'ai remarqué que ceux qui étaient sous les arbres réservés souffraient de la présence de ces derniers, que j'ai été forcé d'enlever. Cette opération, coûteuse à cause des soins dont elle doit être accompagnée, fatigue quelquefois le semis. Aussi en suis-je venu à couper à peu près tout ce qui est sur le sol avant de semer, bien que cette méthode ne soit pas sans quelque danger, car dans les étés secs et très-chauds, une partie des jeunes pins peut être grillée, surtout lorsque le sol contient beaucoup de graviers ou de cailloux. Toutefois, comme les semis de pins faits dans ces conditions sont en général bien plus vigoureux et croissent plus vite que ceux faits à couvert, et qu'on ne peut éviter à la fois toutes les mauvaises chances, je crois préférable de ne laisser dans les parties à semer que peu ou point de réserves.

Il me reste à donner la dépense par hectare telle qu'elle résulte des travaux que j'ai fait exécuter.

Pour les semis en banquettes serrées, cette dépense a été en moyenne, pour la main d'œuvre, de. . . . . 45 à 50 fr.

Auxquels il faut ajouter le prix d'achat de douze kilog. de semences employées.

Pour les semis en banquettes séparées par des intervalles de trois mètres, la main-d'œuvre a coûté en en moyenne. . . . . 30 à 35 fr.

Auxquels il faut ajouter également le prix d'achat de huit kilog. de semences, et en outre, les frais de repiquement, la troisième année, dans les espaces restés vides.

Pour les semis par brûlées, la dépense en main-d'œuvre a été en moyenne et par hect., de. . . . . 15 fr.

Auxquels il faut ajouter le prix d'achat de vingt kilog. de semences nécessaires dans ce cas et, en outre, les frais de repiquement dans les parties mal espacées ; ces frais sont, au reste, peu élevés [1].

2° Pins noirs d'Autriche.

Le prix élevé de la semence de ces pins m'a empêché de les semer seuls, d'autant plus que la grosseur de la graine entraîne l'emploi d'un plus grand nombre de kilog. par hectare que pour le pin sylvestre ; mais comme le pin noir est, en Autriche du moins, un fort bel arbre forestier, j'en ai introduit une certaine proportion dans la plupart de mes semis de pins sylvestres, afin que l'on pût le propager plus tard par semis naturel.

Je ne puis donc rien ajouter, à son égard, à ce que j'ai dit plus haut pour le pin sylvestre.

3° Mélèzes.

Le prix élevé de la semence de pin sylvestre, en 1842, tandis que celle de mélèze était à fort bas prix, me détermina à essayer de mélanger par moitié ces deux graines dans les semis que j'avais à faire cette

[1] Ces travaux ont été exécutés par des femmes. Le prix de la journée a varié de 1 fr. à 80 centimes. Les chefs de chantier étaient des hommes payés à raison de 1 fr. 50 c. par jour.

année. Cet essai m'a parfaitement réussi ; j'ai continué depuis, et je ne fais plus un seul semis de pins, sans y mettre moitié de mélèzes.

Toutefois je n'ai encore employé ce mélange que dans le grès vosgien, dans des sables en général secs et aux expositions du sud, du sud-est ou du sud-ouest. Ces semis ont été faits à découvert et suivant les différentes méthodes employées pour le pin. La quantité de semence n'a pas été augmentée ; seulement on a mis moitié pins, moitié mélèzes. Les jeunes mélèzes sont, en général, moins nombreux que les pins, mais beaucoup plus forts, et, dès la troisième année après le semis, on peut en extraire un grand nombre pour les repiquer ailleurs, tout en conservant, dans le semis mélangé, les mélèzes à environ un mètre de distance les uns des autres, partout où ils ont bien réussi.

J'insiste sur ce fait parce qu'il est en contradiction avec la plupart des observations faites jusqu'à présent dans les parties de la France où on a cherché à acclimater le mélèze, et qu'il est de nature à faciliter la propagation d'une essence précieuse et recherchée, en amenant la substitution de semis peu coûteux, et servant eux-mêmes de pépinières, à la méthode coûteuse des plantations faites avec des sujets tirés des pépinières où l'on fait de l'éducation des mélèzes une culture spéciale.

Du reste, les frais de main-d'œuvre sont les mêmes que pour le pin, et toutes les fois que le semis est fait de manière à laisser une partie du terrain vide, pour la remplir plus tard avec des plants provenant de la partie semée, l'emploi du mélèze, en concurrence avec le pin, est surtout avantageux, en ce que cet arbre supporte mieux que le pin la plantation et l'espacement dans son bas âge.

4° *Epicéas.*

Les méthodes décrites à l'occasion des semis de pins, ont été employées aussi pour ceux d'épicéas ; mais ici les conditions de réussite ne sont plus les mêmes. Ainsi, beaucoup de terrains qui conviennent très-bien au pin sont trop maigres et trop brûlants pour l'épicéa, et en général il réussit mal lorsqu'il est semé à ciel découvert à moins qu'il ne soit très-serré et formant comme une espèce de brosse ; d'un autre côté, il est d'un accroissement très-lent dans les premières années, en sorte qu'il risque d'être promptement étouffé dans les terrains où les herbes se propagent facilement. Aussi, dans la plupart des cas, la plantation me paraît-elle préférable au semis.

J'ai essayé aussi de semer de la graine d'épicéa à la volée dans des coupes d'ensemencement en hêtres ou en chênes dont le terrain était naturellement meuble ou ameubli par une culture spéciale. Cette méthode, très-bonne pour d'autres essences, m'a mal réussi.

Les frais des semis d'épicéas peuvent être évalués d'après les bases données pour les semis de pins.

5° *Sapins distiques.*

Les semis de sapins, dans un sol convenable, sont en général ceux qui occasionnent le moins de dépense. En effet, dans les terrains meubles et bien couverts, il suffit quelquefois de semer la graine à la volée pour obtenir de très-bons résultats; quand le terrain est trop dur, on corrige cet inconvénient en le faisant travailler à la houe, ou en introduisant dans la forêt des troupeaux de porcs qui déposent sur le sol une certaine quantité d'engrais en même temps qu'ils le labourent. Lorsque le sol est suffisamment meuble, mais recouvert de mousse et de quelques herbes, il suffit de les faire arracher, puis de semer à la volée; si le sol est couvert de bruyères, de myrtiles ou d'un gazon épais, on a recours aux banquettes que l'on fait comme pour les semis de pins, en leur donnant toutefois un peu plus de largeur, 70 à 80 centimètres, afin d'empêcher que le jeune plant, qui croît lentement dans les premières années, ne soit trop facilement étouffé. En outre, il suffit de mettre la terre végétale à nu, et on n'a pas besoin de la travailler à la même profondeur que pour le pin, le mélèze ou l'épicéa, ce qui produit une économie dans les frais de main-d'œuvre. Lorsqu'on fait le semis en banquettes, on recouvre la semence d'un peu de terre au moyen d'un râteau; mais lorsqu'on sème à la volée, on peut négliger cette précaution.

Les semis de sapins peuvent, à la rigueur, se faire dans de mauvais sols et se passer en partie de couvert, même à des expositions sud, sud-est et sud-ouest, qui, en général, conviennent mieux pour le pin; mais, pour que ces semis réussissent très-bien, il leur faut un bon sol forestier, un couvert convenable, c'est-à-dire assez fort pour conserver de l'ombre, et assez espacé pour ne pas gêner l'accroissement des jeunes plants; enfin une exposition qui ne soit point en plein midi.

La dépense en main-d'œuvre n'a été que de 20 à 35 francs par hectare, suivant le terrain, pour les semis faits en banquettes, et de 10 à 15 francs par hectare également, lorsqu'on s'est borné à enlever les mousses qui couvraient le sol.

La quantité de semences employées a été de 100 kilog. environ par hectare dans les banquettes, et un peu plus forte pour les semis à la volée. Ces semences ont été récoltées par mes soins dans le pays et ont coûté de 35 à 50 francs les 100 kilog.

On les récolte à l'automne : on égruge les cônes, puis on passe les semences au van, et on les étend dans un grenier en couches de peu d'épaisseur, en ayant soin de les remuer tous les jours. Sans cette précaution la semence s'échaufferait, fermenterait et se gâterait complétement. Le meilleur moment pour la semer est l'automne; on peut cependant l'employer dans les beaux jours d'hiver ou même dans le commence-

ment du printemps. Les semis faits trop tard lèvent mal et ne viennent
pas aussi bien.

6° *Hêtres blancs.*

Les semis de hêtres que j'ai exécutés n'avaient pas pour but d'introduire cette essence dans des forêts où elle était étrangère, mais seulement de faciliter le repeuplement dans d'anciennes forêts de hêtres
dont le sol était trop dur ou couvert de mousse, ou de le compléter dans
des parties dans lesquelles les porte-graines étaient trop espacés.

J'ai employé deux méthodes pour la préparation du terrain : la première, qui est à la fois la moins coûteuse et la plus avantageuse lorsqu'il
n'y a point de recrû sur le sol, consiste à introduire les porcs dans la forêt ; la seconde, qui peut servir dans tous les cas, est la culture à la
houe de toutes les parties durcies du sol et de celles que la mousse recouvre trop complètement. Ce travail a coûté, en moyenne, 25 francs par
hectare.

Lorsqu'on veut mettre les porcs dans la forêt, il est bon de le faire
avant que la semence ne tombe, à moins qu'elle ne soit fort abondante
et que l'on ne les y laisse que peu de temps. On peut de même cultiver
à la houe avant la chute des faines, mais je le crois préférable après.
Dans l'un ou l'autre cas, on supplée à l'insuffisance du semis naturel
de la même manière que pour le sapin, au moyen de semences re-
cueillies et conservées avec soin, que l'on jette à la volée dans la forêt [1].

II° DES PLANTATIONS ET DES PÉPINIÈRES.

D'après le tableau que j'ai adressé à la Société d'encouragement,
les plantations que j'ai faites ont employé les quantités suivantes de
plants :

	Nombre de plants.
Epicéas.	1,015,500
Pins sylvestres.	225,500
Pins d'Autriche.	38,500
Mélèzes.	187,900
Ormes.	20,300
Frênes.	163,900
Chataigniers.	25,000
Chênes.	5,600
Bouleaux.	72,000
Aunes.	1,000
Total.	1,755,200

[1] On regarde en général le semis de hêtres comme ne devant pas être fait à découvert. Cependant j'ai eu occasion de voir cette année, dans le royaume de Wurtemberg
des semis de hêtres à ciel nu, âgés de 6 à 10 ans et qui ont parfaitement réussi. Ils ont
été faits par les soins de M. Zaiser, garde général du cantonnement de Hohenbheren
dans l'inspection de Schondorf.

Ces plantations ont été faites à un mètre de distance ; elles couvrent donc 175 hectares à raison de 10,000 plants par hectare; mais comme les espaces repeuplés n'étaient, en majeure partie, pas complètement vides, ces plantations sont disséminées en réalité sur environ 600 hectares.

Avant d'entrer dans les détails relatifs à chacune de ces espèces d'arbres, il m'a paru convenable de traiter ici deux questions générales : celle du choix à faire pour le reboisement d'un terrain entre un semis et une plantation, et celle de la meilleure disposition à donner à la plantation dans un terrain nu , lorsque l'on y introduit simultanément des plants de deux ou de trois essences différentes. La première est souvent d'une grande importance, et ce choix doit dépendre à la fois de la nature du sol, de l'exposition, de l'état de la forêt et du genre d'arbres que l'on veut propager.

En général, les semis sont préférables dans les terrains presque nus, composés de sables secs et brûlants, et où les plantations réussissent ordinairement difficilement ; il en est de même quand la forêt est inégalement repeuplée, et que les vides restant sont abrités par des porte-graines destinés à protéger les semis naturels. Mais je suis loin de croire que, pour introduire les essences résineuses dans des taillis, il soit fort économique, ainsi que l'ont soutenu plusieurs forestiers distingués, de les éclaircir légèrement et d'y jeter des semences à la volée.

Les partisans de cette méthode la défendent en disant que la semence ainsi employée coûte peu de chose[1], que les bûcherons, en faisant l'éclaircie, remuent assez le sol pour que le semis puisse réussir ; qu'en tous cas les frais accessoires de préparation du terrain sont peu considérables, et que les bois éclaircis n'en poussant que mieux, leur plus grand produit contribue à rendre l'opération avantageuse.

Je regarde au contraire un tel mode d'opérer comme le plus dispendieux qu'on puisse employer. Il est vrai que la préparation du sol coûte peu, mais la semence est souvent en partie perdue, le semis ne réussissant que par place, ce qui oblige à y revenir à plusieurs reprises. En outre, l'exploitation sur un semis entraîne des frais beaucoup plus considérables que dans un taillis ; elle ne permet pas de mettre les écorces de chêne en fagots pour les tanneurs, et rarement de conserver entiers les bois de service. Enfin, comme en général on ne cherche à changer l'essence que dans des bois mal venants, et sur lesquels une éclaircie reste sans effet utile, le retard de l'exploitation entraîne une véritable perte d'intérêts. Ces considérations m'ont conduit à couper à blanc, ou à peu près, pour y faire des semis réguliers, les taillis mal venants et trop clair plantés, où la nature du sol et l'exposition indiquaient le repeuplement en pins. Dans des taillis de meilleure qualité et propres à la

---

[1] Dans ce cas, on emploie ordinairement des semences de sapin ou d'épicéa.

culture d'essences plus précieuses, j'ai de même fait des coupes presque pleines, en ne réservant que les arbres les plus beaux, et j'ai rempli tous les vides avec de jeunes plants résineux.

Ce dernier système offre un grand avantage en ce qu'il permet de trouver dans la forêt une continuité de produits qui manque complètement dans le système opposé. Supposons en effet deux taillis traités par ces deux méthodes différentes : le premier, après avoir été éclairci et parfaitement réensemencé, sera coupé afin de découvrir le semis : puis, pour protéger ce dernier, on ne devra pas laisser venir de recrû qui l'étoufferait ; il en résultera qu'après avoir détruit le taillis on aura à attendre longtemps avant que les bois résineux, qui le remplacent, ne donnent des produits. Le second, après avoir été coupé complètement, recevra la quantité de plants nécessaires pour remplir tous les vides, et repoussera comme s'il avait subi une coupe ordinaire jusqu'à ce qu'on vienne l'exploiter de nouveau ; il en sera de même aux révolutions suivantes, et les produits en bois à feuilles caduques se continueront ainsi jusqu'à ce que les plants d'espèces résineuses aient pris assez de développement pour gêner le taillis et le remplacer successivement ; mais alors la mieux value de la forêt compensera et au delà la différence trouvée.

Il serait au reste presqu'impossible d'indiquer à l'avance tous les cas particuliers qui peuvent faire préférer la plantation au semis et réciproquement, et nous verrons, dans la suite de cette note, que la nature même des arbres que l'on veut propager doit avoir une grande influence sur ce choix.

Lorsqu'on introduit dans une forêt des essences qui lui sont restées jusque là étrangères, on ne peut pas toujours être sûr à l'avance qu'à un âge plus ou moins avancé les arbres plantés continueront à y prospérer. C'est alors une chose bonne et prudente que de mélanger les espèces de manière à ce que, si on était obligé de couper plus tard une partie de ces arbres par suite de maladies ou de décrépitude, les autres puissent encore couvrir suffisamment le sol. Dans les terrains complètement nus, cette méthode présente en outre l'avantage de favoriser la végétation, lorsqu'on mélange aux arbres à feuilles caduques des arbres résineux qui couvrent mieux le sol, ou lorsqu'on plante simultanément des arbres à racines pivotantes et d'autres à racines traçantes. Il est alors facile d'établir la plantation d'une manière méthodique, afin de pouvoir conserver le plus longtemps possible les espèces mélangées en même nombre et à des distances égales. Je joins à cette note deux séries de tableaux représentant la disposition que j'ai employée dans ce but pour des plantations mélangées de deux ou de trois essences, et dans lesquelles les plants ont été placés à la distance d'un mètre.

En examinant ces tableaux, on verra qu'en enlevant à chaque éclaircie la moitié des arbres, on arrivera, pour les plantations à deux essences, jusqu'à la quatrième éclaircie sans altérer le mélange, et que c'est alors seulement qu'on devra choisir l'espèce à conserver sur le sol. En opérant de même pour les plantations à trois essences, on peut indéfiniment conserver le mélange ou faire disparaître à volonté une ou deux espèces ; mais dans ce dernier cas les distances ne restent plus les mêmes, ce qui n'offre que peu d'inconvénients lorsqu'on arrive à la période du réensemencement.

Il me reste, pour terminer cette note, à y ajouter quelques observations particulières sur les pépinières et la mise en terre des replants.

1° *Epicéas.*

Ainsi que j'ai déjà eu occasion de le dire en parlant des semis d'épicéas, je crois que pour cette essence, la plantation est en général préférable au semis : cela tient à la fois à la grande facilité avec laquelle les jeunes épicéas supportent la transplantation, et à la lenteur de leur accroissement dans les premières années qui suivent le semis. On conçoit en effet que, dans de pareilles conditions, on gagne beaucoup de temps à repeupler la forêt au moyen de sujets tout venus. Il est aussi très-avantageux de les élever soi-même en pépinière, tant à cause de l'économie réalisée ainsi sur le prix d'acquisition que de la facilité qui en résulte de ne se servir que de plants récemment arrachés, qui réussissent beaucoup mieux.

J'ai établi mes pépinières d'épicéas d'après les deux méthodes suivantes :

1°. En défonçant, nivelant et cultivant le sol à l'avance. On y prépare alors des bandes horizontales de 10 centimètres de largeur et distantes entre elles de 40 centimètres ; on a soin que la terre de ces bandes soit bien tassée et d'autant plus qu'elle contient plus de sable : on sème très-épais, et on recouvre légèrement la graine de terre. Il faut avoir grand soin de sarcler et d'arracher les mauvaises herbes qui se propagent rapidement dans les terrains ainsi préparés, et qui, sans cette précaution, étoufferaient les jeunes plants. Au bout de deux ans on transplante ces derniers dans de petits fossés de 15 centimètres de profondeur où on les place les uns à côté des autres, et deux ou trois ans après on peut les placer en forêt.

Il est nécessaire que ces pépinières soient établies dans un terrain bien plat, afin que les pluies d'orage n'entraînent pas la graine après le semis, et ne détruisent pas les jeunes plants en les couvrant de sable.

2°. En plaçant la pépinière au milieu de la forêt sans préparer le sol à l'avance. Dans ce cas on commence par couper les broussailles en ne conservant que quelques arbres pour donner un peu d'ombre, puis on brûle la mousse et les bruyères. On achève l'opération comme pour un semis par brûlées, seulement on y met beaucoup plus de semences, quoique moitié moins que dans les pépinières en banquettes. Les épicéas se trouvent ainsi plus espacés, grossissent plus vite, prennent de belles racines, et, trois ans après le semis, on peut commencer à en extraire pour les repiquer directement en forêt. Ces pépinières peuvent s'établir sur les terrains en pente comme sur les terrains plats.

La dépense par hectare pour ces deux espèces de pépinières a été en moyenne :

Pour la première, non compris les frais de défrichement et de première culture du terrain, de. . . . . 400 fr. par hectare.

Plus, pour les frais d'arrachage des mauvaises
herbes pendant les deux premières années. . . . 50 fr. »
Et pour la transplantation au bout de deux ans. . 500 fr. »

Ensemble. . . . . . . 950 fr. »

Auxquels il faut ajouter le prix de 200 kilog. de semences employées.

Pour la seconde espèce de pépinières, la dépense en main-d'œuvre n'est que d'environ. . . . . 75 fr. par hectare.

Plus, pour frais d'arrachage des mauvaises herbes. 25 fr. »

Ensemble. . : . . . . 100 fr. »

Auxquels il faut ajouter de même le prix de 100 kilogrammes de semences employées.

Trois méthodes ont été employées pour la plantation des jeunes épicéas en forêt.

La première, et celle aussi qui peut être d'un usage le plus général, consiste à faire à la houe un trou de 25 centimètres de diamètre, en ayant soin de couper les arbustes et d'arracher les bruyères qui l'entourent. On met dans le fond du trou la terre la plus meuble, on y place avec soin les racines et on les recouvre de terre en la serrant à la main, puis on comprime avec le pied quand le trou est bien rempli.

J'ai essayé, pour diminuer les frais de main-d'œuvre, de planter avec un plantoir triangulaire en fer, armé d'un long manche en bois. Les hommes chargés de la plantation enfonçaient en terre le plantoir d'un seul coup, plaçaient le plant dans le trou, et le serraient avec le pied. Les épicéas ont très-bien repris, mais quoiqu'ils aient été plantés il y a cinq ans, ils ont en général à peine poussé depuis. Je suppose que cela tient à ce que leurs racines se sont trouvées toutes rapprochées et placées verticalement, tandis qu'ordinairement elles s'étalent et rayonnent autour de la tige. Cet essai a été fait sur 20,000 épicéas.

Enfin la méthode qui paraît la meilleure pour assurer le succès des plantations consiste à enlever le plant en motte avec une bêche demi-circulaire, et à le placer dans un trou cylindrique fait avec une bêche de même forme et de même diamètre. Mais cette méthode n'est pas praticable avec les pépinières faites en banquettes dans lesquelles les plants sont trop rapprochés les uns des autres pour être enlevés en motte. Pour pouvoir l'employer utilement, il faut commencer par disséminer dans la forêt à repeupler un nombre suffisant de petites pépinières faites en plein, de manière à ne pas avoir à porter les plants à de trop grandes distances.

La dépense en main-d'œuvre occasionnée par la mise en terre des plants, à un mètre de distance, a été en moyenne par hectare :

Pour les plantations à la houe, de. . . . . 80 à 100 fr.
Pour celles au plantoir triangulaire, de . . . . . . 40 fr.
Et pour celles à la bêche demi-circulaire, toutes les fois que la distance à laquelle les plants ont dû être transportés n'a pas dépassé 300 mètres, de. . . . . 50 à 80 fr.

J'ajouterai ici, une fois pour toutes, que les frais des plantations faites d'une manière méthodique dans les parties nues, doivent être évalués à 50 pour 0/0 en sus de la dépense d'une plantation ordinaire, à cause du temps et des soins particuliers que ces plantations demandent.

La quantité de plants à remplacer dans les deux premières années, qui suivent la plantation, s'est élevée, en moyenne :

Pour les repiquements à la houe, à. 20 0/0
Pour ceux à la bêche demi-circulaire, à. 3 0/0

La saison la plus favorable m'a paru être tantôt le printemps, tantôt l'automne. Les plantations faites au printemps reprennent à merveille quand ce dernier est pluvieux, et lorsqu'il n'est pas suivi d'un été trop sec elles continuent ensuite à prospérer ; mais aussi, quand le printemps est sec et suivi d'un été très-chaud, on est exposé à perdre un grand nombre de plants. De même, les plantations d'automne réussissent bien lorsque l'hiver qui les suit est doux, ou que la terre se couvre de bonne heure d'une forte couche de neige ; tandis que lorsque le froid arrive immédiatement après les pluies d'automne, le sol, récemment remué pour la mise en terre des plants, se soulève par l'effet de la gelée et entraîne avec lui les racines qu'il laisse souvent à découvert au dégel. Quelquefois même les replants sont ainsi complètement arrachés.

2° *Pins sylvestres et Pins d'Autriche.*

Je n'ai pas eu besoin d'établir de pépinières pour le pin sylvestre, les semis faits en grand m'ayant fourni plus de replants que je ne pouvais en utiliser. Celles de pins d'Autriche ont été exécutées d'après les procédés déjà décrits en parlant de l'épicéa.

Les plantations de pins sylvestres et celles de pins d'Autriche ont été faites aussi comme celles d'épicéas, soit à la houe, soit à la bêche demi-circulaire. La plantation à la houe réussit moins bien pour le pin sylvestre que pour l'épicéa, ce qui tient en grande partie à ce que cet arbre ayant dès son jeune âge, une forte racine pivotante, cette dernière est presque toujours un peu endommagée lors de l'extraction du replant. Aussi, je préfère beaucoup le semis à la plantation, toutes les fois que les vides à repeupler sont un peu considérables. Les plantations de pins d'Autriche avaient paru donner d'abord des résultats très-satisfaisants, mais ils ne se soutiennent pas assez pour qu'on puisse en conclure, si l'introduction de cet arbre dans les Vosges doit être considérée comme avantageuse, ou s'il vaut mieux s'en tenir au pin sylvestre.

Lorsque les pins sont un peu forts, il vaut mieux les planter au printemps qu'à l'automne, parce qu'étant plus élancés que les jeunes épicéas ils résistent mal, la première année, à la pression des neiges.

La quantité de plants à remplacer dans les deux premières années après la plantation, s'est élevée en moyenne :

Pour les repiquements à la houe, à. 35 0/0
Pour ceux à la bêche demi-circulaire, à. 3 0/0

3° Mélèzes.

Les pépinières de mélèzes ont été faites suivant les méthodes déjà décrites en parlant de l'épicéa. La plantation réussit pour cette espèce d'arbres aussi bien que le semis, et, sous ce rapport, c'est, de tous les bois résineux que j'ai propagés, celui qui offre le plus de facilité. Les procédés employés ont été, comme pour les pins et les épicéas, la houe et la bêche demi-circulaire. Il faut avoir soin de ne planter les jeunes mélèzes que lorsqu'ils sont dépouillés de feuilles, ou avant que celles-ci ne commencent à pousser, c'est-à-dire, à la fin de l'automne et aux premiers jours du printemps ; mais on peut aussi, lorsque l'hiver est doux et qu'on a beaucoup de plants à mettre en terre, continuer pendant l'hiver, ce qui se pratique avec succès en Écosse.

La quantité de plants à remplacer dans les deux premières années après la plantation, a été en moyenne :

Pour les repiquements à la houe, de 10 0/0
Pour ceux à la bêche demi-circulaire, de. 3 0/0

4° Ormes, Frênes, Châtaigniers, Chênes, Bouleaux, Aunes.

Pour ces différentes espèces d'arbres, j'ai suivi les méthodes connues et indiquées dans les ouvrages forestiers. En général, les plantations ont bien réussi. Toutefois, les frênes et les ormes ont peu poussé, ce qui tient peut-être à ce qu'ils étaient fort petits au moment de la plantation.

Les frais de la plantation, qui a été faite à la houe, ont été presque toujours un peu moindres que pour les bois résineux.

La quantité de plants à remplacer pendant les deux premières années, après la plantation, a été en moyenne :

Pour le frêne, l'orme, le bouleau, de. 10 0/0
le chêne et le châtaignier, de. 5 0/0

PLANTATION A DEUX ESSENCES MÉLANGÉES

Nº 1.

```
A  B  A  B  A  B  A  B  A
A  A  A  A  A  A  A  A  A
B  A  B  A  B  A  B  A  B
B  B  B  B  B  B  B  B  B
A  B  A  B  A  B  A  B  A
A  A  A  A  A  A  A  A  A
B  A  B  A  B  A  B  A  B
B  B  B  B  B  B  B  B  B
A  B  A  B  A  B  A  B  A
```

Nº 4.

```
A           A           A

      B           B

A           A           A

      B           B

A           A           A
```

Nº 2.

```
A    A    A    A    A
  A    A    A    A    A
B    B    B    B    B
  B    B    B    B    B
A    A    A    A    A
  A    A    A    A    A
B    B    B    B    B
  B    B    B    B    B
A    A    A    A    A
```

Nº 5.

```
A         A         A



A         A         A



A         A         A
```

Nº 3.

```
A    A    A    A    A

B    B    B    B    B

A    A    A    A    A

B    B    B    B    B

A    A    A    A    A
```

Nº 5 bis.

```
B              B


B              B
```

PLANTATION A TROIS ESSENCES MÉLANGÉES.

Nº 1.

```
A  B  C  A  B  C  A  B  C
B  C  A  B  C  A  B  C  A
C  A  B  C  A  B  C  A  B
A  B  C  A  B  C  A  B  C
B  C  A  B  C  A  B  C  A
C  A  B  C  A  B  C  A  B
A  B  C  A  B  C  A  B  C
B  C  A  B  C  A  B  C  A
C  A  B  C  A  B  C  A  B
```

Nº 2.

```
A     C     B     A     C
   C     B     A     C     B
C     B     A     C     B
   B     A     C     B     A
B     A     C     B     A
   A     C     B     A     C
A     C     B     A     C
   C     B     A     C     B
C     B     A     C     B
```

Nº 3.

```
   A     C     B     A     C

   C     B     A     C     B

   B     A     C     B     A

   A     C     B     A     C

   C     B     A     C     B
```

Nº 4.

```
A        B           C

     B        C

B        C           A

     C        A

C        A           B
```

Nº 5.

```
A        B           C



B        C           A



C        A           B
```

Imprimerie de BEAU, à Saint-Germain-en-Laye.

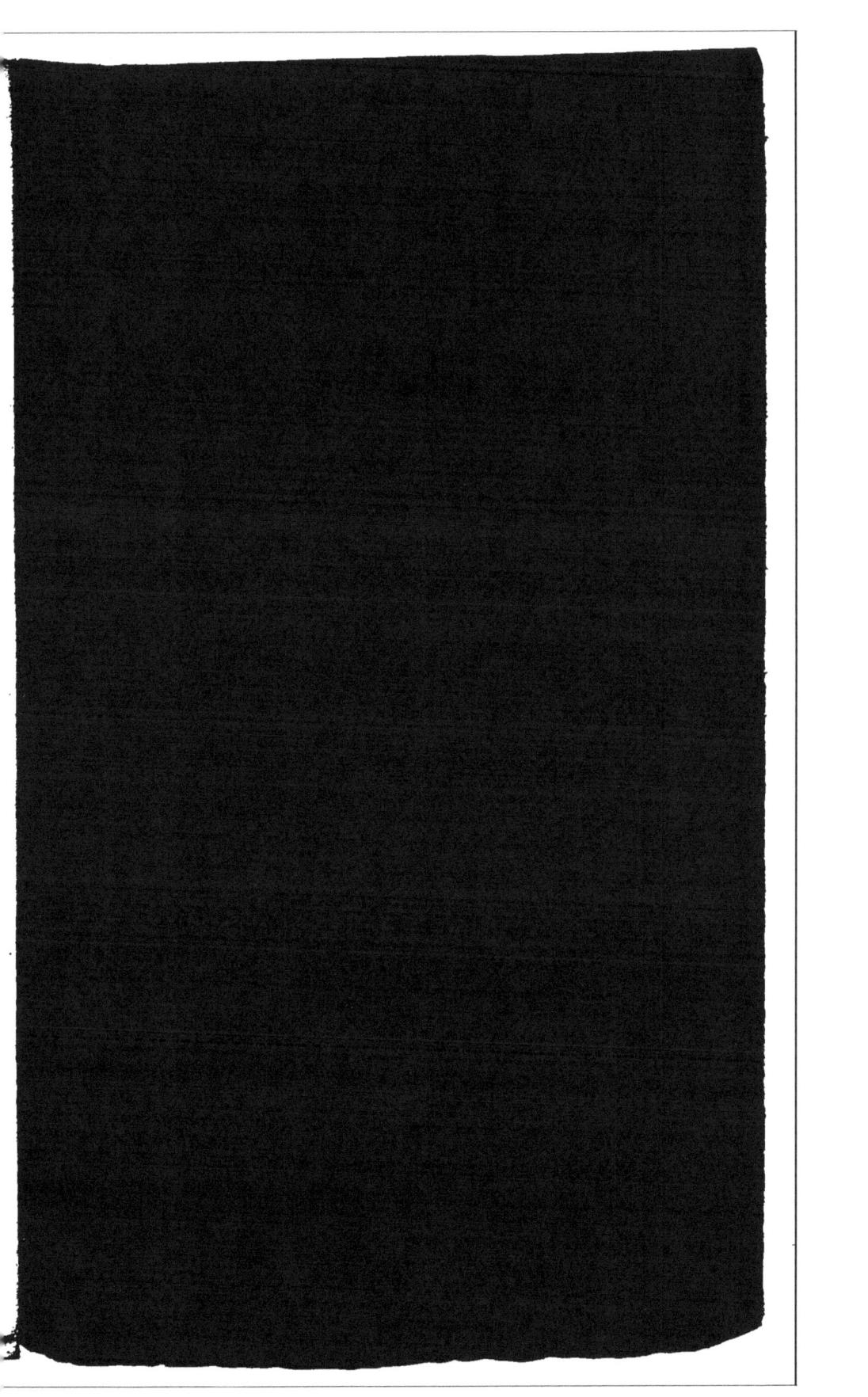

De l'Imprimerie de BEAU, à Saint-Germain-en-Laye.

www.ingramcontent.com/pod-product-compliance
Lightning Source LLC
Chambersburg PA
CBHW050454210326
41520CB00019B/6206